电子教程系列

建筑结构抗震设计

张玉峰　　　　主编

杨　翔　张闪林　编制

中国建筑工业出版社

电子教程系列

建筑结构抗震设计

张玉峰　　　主编

杨　翔　张闪林　编制

＊

中国建筑工业出版社出版、发行（北京西郊百万庄）

各地新华书店、建筑书店经销

北京嘉泰利德公司制版

北京中科印刷有限公司印刷

＊

开本：787×1092毫米　1/32　印张：½　字数：13千字

2008年11月第一版　　2008年11月第一次印刷

定价：**168.00**元

ISBN 978 - 7 - 89475 - 005 - 1

　　　　　（16702）

前　　言

随着多媒体技术的日趋成熟和广泛应用，多媒体教学已经成为当前各级各类教育机构实施教学的主流教学方式，它所取得的优良的教学效果是传统教学方法无法替代的。同时，随着计算机网络的普及，网上教学已成为实现远程教育的最佳形式，网络多媒体远程教学，能为学习者提供一种全新概念的学习方式，学习者可以突破时空和地域的限制，随时随地自主学习，同时可以实现双向交互及实时多点交流。在现阶段，这种以网络技术和多媒体技术为基础的现代教育模式是传统教育模式的强有力补充，它能提供丰富多彩的辅助教学手段，代表着未来的发展方向。多媒体课件能利用图、文、声、影等多种媒体结合的特性，直观而形象生动地展现教学内容，使不同地域的学习者能共享优质教育资源，提高学习效率，获取良好的学习效果。

目前，随着高校立体化教材建设的逐渐推进，CAI课件已经是立体化教材必不可少的组成部分。当前，应用于实际教学中的CAI课件大体上呈现出三种层次：第一个层次，也是制作最简单、最普及和流行的课件形式，就是用Microsoft PowerPoint软件制作的幻灯片，可以有文字、图形、图像、动画和视频等，易于组织和编辑教学内容；第二个层次的课件就是用Authorware、Flash等多媒体开发工具软件开发的课件，可以制作出丰富的动画素材，具有良好的用户界面，内容组织严密紧凑，逻辑性强；第三个层次的课件是网络多媒体课件，通常用FrontPage、Dream weaver等网页制作工具软件设计和制作出课程的网页，用超文本、超链接方式组织教学内容，提供动画、声音、图像、视频等媒体，必要时还需进行编程。随着虚拟现实技术的发展及其在教育培训中的应用，近年来在网络多媒体课件开发中应用虚拟现实技术，充分发挥其沉浸性、自主性、交互性、多感知性等特点，开发新一代的网络多媒体课件受到人们的普遍关注，不仅能使直接用于课堂教学的课件水平得到大大提高，同时也有利于基于互联网的远程教学的实施。总之，基于网络技术和虚拟现实技术的课件是未来多媒体课件的发展方向。

《建筑结构抗震设计》多媒体课件，是在湖北省教育厅立项教学改革研究项目"基于 Web 和 VRML 技术的土木工程结构系列课程 CAI 多媒体课件的研制"成果之一"基于 Web 和 VRML 技术的《建筑结构抗震设计》课程 CAI 网络多媒体课件"的基础上进一步加工和完善而完成的。该教学改革项目研究的出发点就是：针对土木工程专业主干课程的特点，如何充分利用多媒体技术、网络技术（Web）、虚拟现实（VRML）技术来开发多媒体网络课件。近几年的教学实践表明，我们研制的这些课件打破了传统多媒体课件的简单性、单机性、局域性，将多媒体技术、网络技术和虚拟现实技术有机地结合在一起，融合了文字、图片、音效、影视及虚拟现实等多种表现形式，在实际教学中，激发了学生的学习热情和学习兴趣，使得传统教学方式难以讲解、学生难以接受和理解的内容以形象直观的动画和视频展现，取得了良好的教学效果。

本课件由武汉大学教改课题负责人张玉峰主编，负责整个课件的研制，进行了总体构思和设计，制定了相关的技术要求，确定了动画制作的内容和表现方式并进行成果审核。2002 级研究生杨翔制作了课件的网页和虚拟现实素材，并将各类素材组装形成了课件的雏型；2007 级研究生张闪林进行了后期的界面调整、素材扩充和功能完善；在后期完善工作中，2007 级研究生孙瑜蔚、常猛等 2 人重新绘制了部分插图。本课件的 PPT 原始资料是由武汉大学多年来一直讲授《建筑结构抗震设计》课程的李大庆老师提供的。Flash 动画取材于由张玉峰指导的吉亚妮同学完成的毕业论文。

编者深深感谢上述所有为本课件的研制和出版付出了辛勤劳动和努力的老师和同学！愿本课件在促进国内高校土木工程专业本科教学工作起到一定的作用。本课件若有不当或错误之处，敬请使用本课件的老师、同学和有关读者批评指正，以便再版升级时加以完善。

张玉峰　于武汉大学珞珈山
2008 年 7 月

《建筑结构抗震设计》说明

《建筑结构抗震设计》多媒体课件是以计算机网络技术和多媒体技术为手段，以网页形式为主，融合了文字、图片、音效、影视等多种表现形式的互动式的教学课件。该课件主要讲述了地震的有关知识、抗震设计的原则与要求以及各种结构的抗震设计。

一、系统说明

1. 运行本系统时，硬件配置要求为 CPU 主频 1GHz 以上；内存 128MB 以上；可用硬盘空间 850MB 以上；显示分辨率为 1024×768。软件配置要求为 Windows 98/Me/2000/XP 操作系统；IE 浏览器为 IE 5.0 及更高版本。

2. 播放本课件中的视频时，应确保系统已经安装了视频播放器。

二、课件简介及相关说明

《建筑结构抗震设计》多媒体课件主要包括三大部分：章节教学、辅助教学和练习。

1. 章节教学部分

本课件的章节教学部分就是按照平时教师授课的要求，将各章节的内容以网页的形式展现给读者。本课程的教学内容共有 6 章，其教学的主要内容包括：第一章　抗震设计的基本知识和基本要求；第二章　与地震有关的场地地基和基础；第三章　结构地震反应分析和抗震计算；第四章　多层砌体房屋的抗震设计；第五章　多层和高层钢筋混凝土结构抗震；第六章　单层厂房抗震设计。

在本课件的教学主页面中，左边是教学的章目录，鼠标移动到目录的某一章标题处时，标题即由白色变为紫色。此时如果点击该标题，则可进入该章的教学页面。在每章的教学页面中都有相应的节目录以供读者浏览，点击目录中某一节或某一小节的标题，即可查看该节的详细教学内容。这样导航清晰，操作方便，易于上手，也易于学习。

2. 辅助教学部分

本课件的辅助教学部分主要是对章节学习内容进行相关知识面的扩充，有助于读者的深入理解和快速学习。该部分主要包括：课程介绍；设计规范；视频资料；图片资料。其中"设计规范"仅用于学习参考。"视频资料"部分收录了大量有关地震和建筑结构方面的视频，其中包括日本关东大地震和神户大地震、中国唐山大地震及其他地震方面的资料等，对于学习建筑结构抗震设计具有很好的辅助作用。"图片资料"部分收录了大量的由于地震作用而引起的灾害类图片，主要包括：房屋倒塌、山体滑坡、构件节点破坏、构件连接破坏、梁剪切破坏、梁弯曲破坏、墙体破坏、伸缩缝破坏及柱破坏等。这些图片对结构的抗震性能分析及结构的抗震设计都有很好的参考作用，通过图片可以让读者更加清楚地了解地震破坏的机理。

3. 练习部分

练习部分主要包括"课后思考题"和"自我测验"。"课后思考题"主要是让读者自己课后去思考某些问题，从而巩固一下所学的内容。进入思考题页面后，点击目录即可查看相应的题目。"自我测验"部分包含两套测验试题，这两套试题都是按照本科教学的要求来编写的。每份试题都有相应的答案，点击"查看试题"即可查看题目，点击"查看答案"即可查看题目及答案。

三、课件特色

1. 授课内容丰富全面，课程体系有机统一。所有内容都以教学大纲为主线，有组织的依次展开，并使用方便简洁的方式连接在一起。

2. 课件提供了大量的视频资料及图片资料，把许多以往教师难以讲解、学生难以理解的部分用视频和图片的方式形象直观地展现出来。

3. 课件导航清晰明确，浏览方便快捷。课件的各章节都有相应的导航目录，目录能够直接链接到相应的授课内容。

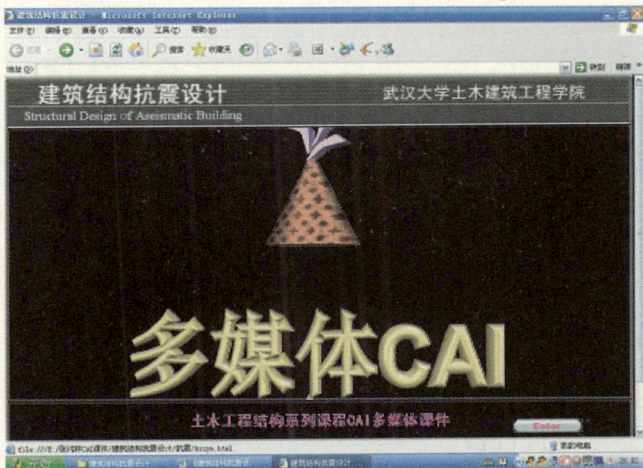

图1　多媒体课件演示开始画面

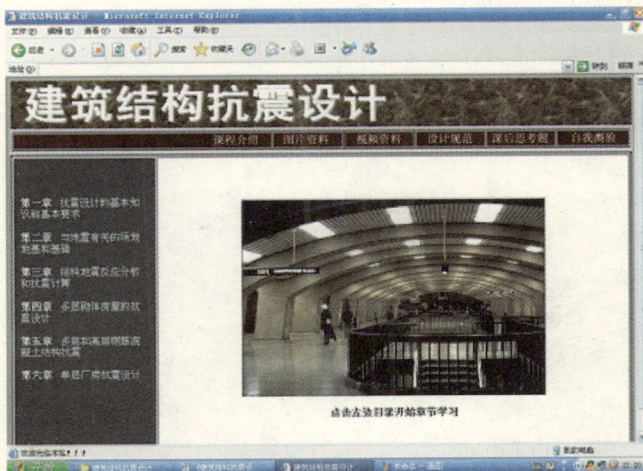

图2　教学主页面

点击教学主页面左边章节目录即可进入相应章节学习，点击页面的各个菜单项即可进入相应的辅助教学部分。

图3　章节教学开始页面——第一章

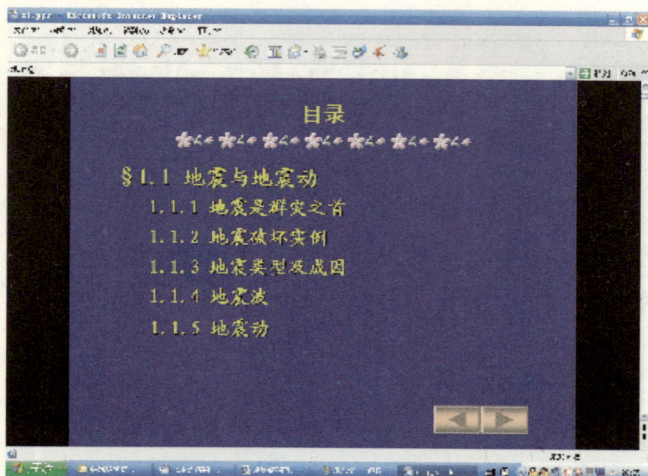

图4　章节教学目录——第一章第一节

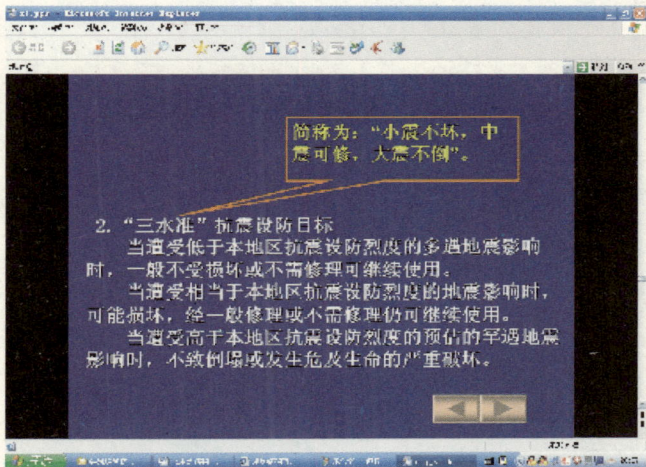

简称为："小震不坏，中
震可修，大震不倒"。

2. "三水准"抗震设防目标

当遭受低于本地区抗震设防烈度的多遇地震影响
时，一般不受损坏或不需修理可继续使用。

当遭受相当于本地区抗震设防烈度的地震影响时，
可能损坏，经一般修理或不需修理仍可继续使用。

当遭受高于本地区抗震设防烈度的预估的罕遇地震
影响时，不致倒塌或发生危及生命的严重破坏。

图5　章节教学内容——第一章

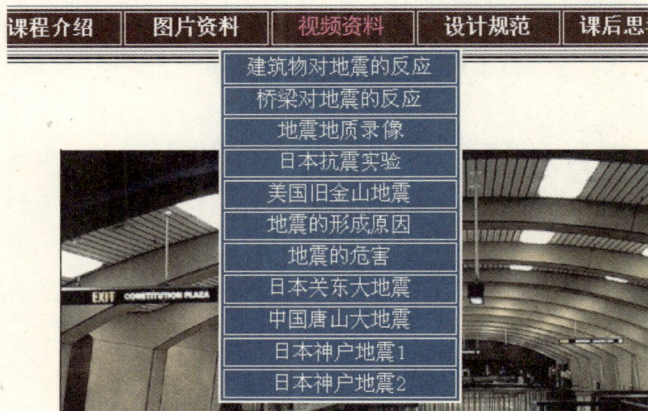

| 课程介绍 | 图片资料 | 视频资料 | 设计规范 | 课后思 |

建筑物对地震的反应
桥梁对地震的反应
地震地质录像
日本抗震实验
美国旧金山地震
地震的形成原因
地震的危害
日本关东大地震
中国唐山大地震
日本神户地震1
日本神户地震2

图6　视频资料下拉菜单

9

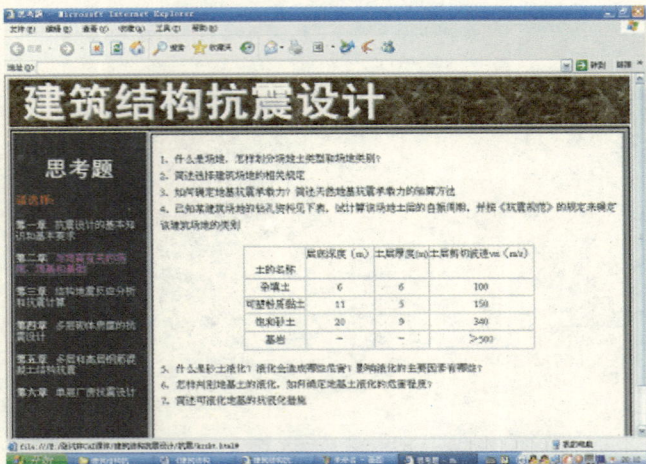

图7 思考题页面

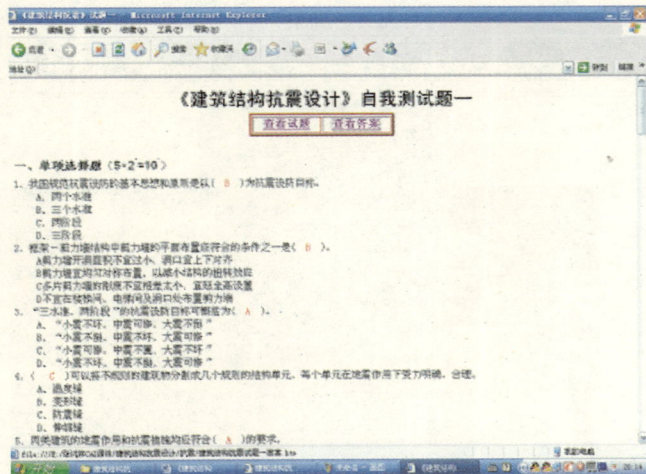

图8 自我测试题

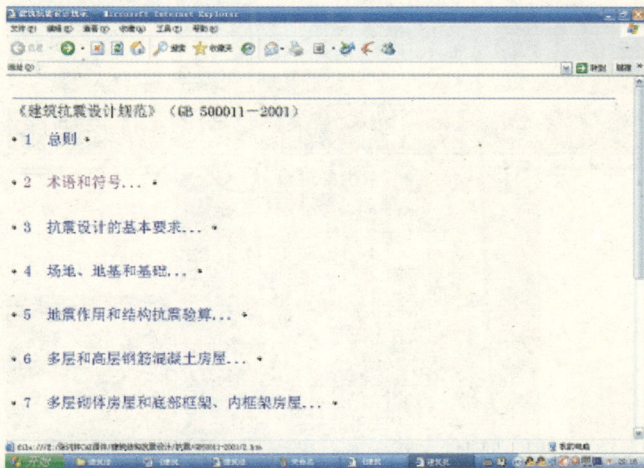

图9 建筑抗震设计规范

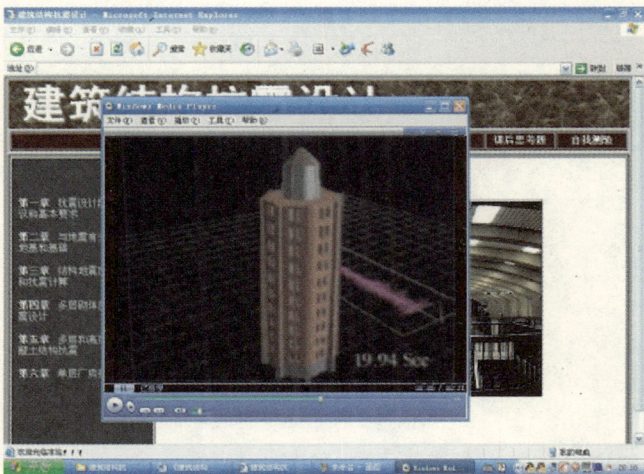

图10 视频资料——建筑物对地震的反应动画

抗震设计

课程介绍	图片资料	视频资料

- 地震引起的房屋倒塌
- 地震引起的山体滑坡
- 地震引起的构件节点破坏
- 地震引起的结构连接破坏
- 地震引起的梁剪切破坏
- 地震引起的梁弯曲破坏
- 地震引起的楼梯破坏
- 地震引起的墙体破坏
- 地震引起的伸缩缝破坏
- 地震引起的柱破坏

图 11　图片资料——下拉菜单

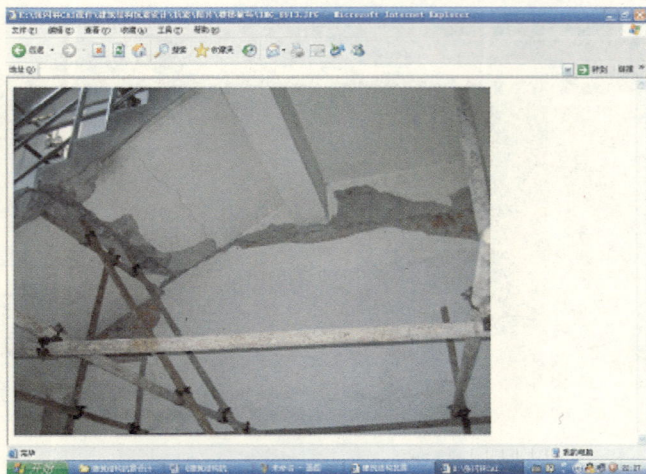

图 12　图片资料——震坏的楼梯

12

友情提示：

　　用户要浏览本课件的虚拟现实动画素材，需要安装 CULT3D 浏览器播放插件（IE 浏览器播放插件为 cult3d_ie. exe；NS 浏览器播放插件为 cult3d_ns. exe），官方网站下载页面：http：//www. cult3d. com/download/download. php。若不能下载到 CULT3D 浏览器播放插件，请与课件作者（张玉峰：yufzhang@whu. edu. cn）联系。

参考文献

［1］李国强等编著. 建筑结构抗震设计（第二版）. 北京：中国建筑工业出版社，2008.

［2］李爱群，高振世编著. 工程结构抗震设计. 北京：中国建筑工业出版社，2005.

［3］李宏男编著. 建筑抗震设计原理. 北京：中国建筑工业出版社，1998.